孩子的 圖解中國地理

手繪版

洋洋兔 著/繪

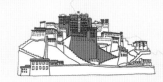

新雅文化事業有限公司
www.sunya.com.hk

目錄

東北地區

西北地區

華北地區

華東地區

西南地區

華中地區

華南地區

華南地區　華東地區

南海諸島

故宮到底有多大？
哪一座城市曾經舉辦過夏季和冬季奧林匹克運動會？

華北地區 ——「心臟」所在的地方

華北地區包括北京市、天津市、河北省、山西省和內蒙古自治區（中部），其中北京是中國的首都。

華北平原上是河流沖擊成的黃色土壤，最適宜小麥播種，所以想要吃到各式各樣的精美麵食，就要來華北啦。華北平原西側橫跨着一座太行山，越過太行山就是千溝萬壑的黃土高原，所以太行山被稱為黃土高原和華北平原的天然分界線。

內蒙古自治區（中部）

射箭

壩上草原

河北省

北京市

天津市

萬里長城

太行山

京杭運河

大同雲岡石窟

黃河

山西省

刀削麵

貓耳朵

石頭餅

褐馬雞

港口貨輪

美食角

別以為華北只有麵食哦！

北京烤鴨　狗不理包子　牛肉罩火燒　燴菜　烤全羊

4

華北地區是最靠近中國心臟的地方，因為首都北京就在這裏，河北省和天津市圍繞着它。北京是一個有着三千多年歷史的古都，可追溯到西周時期，後來漸漸地變成了國家的都城，尤其是元明清三大王朝。2008 年，北京成功舉辦了第 29 屆夏季奧林匹克運動會，2022 年又與河北省張家口市攜手舉辦第 24 屆冬季奧林匹克運動會。截至 2023 年，北京是全球唯一一個舉辦過夏季和冬季奧林匹克運動會的城市，被譽為「雙奧之城」。

北京國家體育場（鳥巢）

華北地區蘊藏着雄厚的文化寶藏。從山海關開始，在明長城上跑，也許能跑到甘肅的嘉峪關；在炎熱的夏季，人們不用去海邊也能消暑，因這裏有著名的消暑勝地——避暑山莊；還有世界上規模最大的明清皇家宮殿——故宮，佔地 72 萬平方米，約有 9,000 多間房間，要是一天住一間，也要 20 多年才能住完呢！

故宮
（北京市）

避暑山莊
（河北省）

除了文化寶藏，華北地區還蘊藏着豐富的煤炭和石油資源，所以這裏建成了中國北方最大的綜合型工業基地，是發展鋼鐵、石油工業的重要地區。

石油

煤礦

· 民俗角 ·

最具特色的傳統文化

吹糖人

京劇

相聲

泥人張彩塑

吳橋
雜技

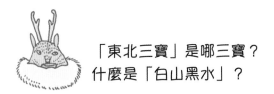

「東北三寶」是哪三寶？
什麼是「白山黑水」？

白山黑水的東北地區

東北地區是指山海關以東的地區，所以也叫關東，包括黑龍江、吉林和遼寧三省，以及內蒙古自治區（東部）。

這裏是中國最北和最東的地區，冬季寒冷漫長，過了 12 月，平均温度大約為零下 20 ℃，最北端的漠河最低氣温的記錄是零下 53 ℃，所以東北地區是全國最適合觀賞冰雕的地方。每年的聖誕節前後，哈爾濱都會舉辦冰雪大世界，大家到那兒看冰雕和玩冰上運動。

紅酒雪梨

梅花鹿

大興安嶺

小興安嶺

黑龍江省

長白山

吉林省

遼寧省

內蒙古自治區（東部）

蒙古野驢

雪橇車

冰雪大世界

美食角

一起來看看東北的美食！

東北大拉皮　　油爆海螺　　得莫利燉魚　　朝鮮冷麵

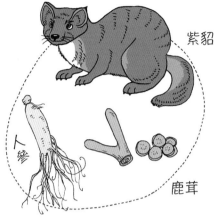

東北三寶：

紫貂

人參

鹿茸

東北地區雖然寒冷，卻是山環水繞、沃野千里。黑龍江、松花江、嫩江和遼河沖擊成了三江平原、松嫩平原和遼河平原三大平原，其中還縱橫着大小興安嶺、長白山和遼東、遼西丘陵。黑龍江和長白山合起來就是我們經常說的「白山黑水」，後來人們就用「白山黑水」代表東北地區。

「白山黑水」中埋藏着不少寶物。聽說過「東北三寶」嗎？就是指人參、貂皮和烏拉草。人參是非常名貴的中藥材；貂皮是紫貂的皮毛，非常保暖；烏拉草是一種野草，塞到鞋子裏保暖效果很好。另一種說法是人參、貂皮和鹿茸。鹿茸就是鹿角，入藥後能延年益壽。但是，貂皮和鹿茸都是出自動物身上，人們必須要好好保護野生動物，不要濫殺！

東北虎

除了三寶，這裏還有世界上最大的貓科動物——東北虎、在江裏出生海裏成長的大麻哈魚、堅硬得能替代金屬的鐵樺樹以及三大名貴木材——水曲柳、核桃楸（粵音秋）和黃檗（粵音百）。

大麻哈魚

朝鮮族　　　滿族

鄂倫春族　　赫哲族

東北也是少數民族的聚居地，比如朝鮮族、滿族、鄂倫春族、赫哲族等，他們與漢族一起種田，一起喝酒，一起舉行各種節日慶典。

東北的礦產資源種類多，儲量大，特別是煤、鐵、石油等，最早的重工業基地建設在這裏。吉林省長春市可是中國汽車之都，新中國第一輛汽車就在那裏誕生。

解放牌汽車

瞭望台

美麗而有特色的景觀！

北極村的極光：極光是高緯度地區發生的發光現象，中國只有在最北端的村莊——北極村見到。

霧淞：霧淞是一種奇特的自然景觀。在冬天，空氣中的飽和水氣遇冷，然後在樹枝上凝結成冰。

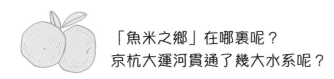

「魚米之鄉」在哪裏呢？
京杭大運河貫通了幾大水系呢？

華東地區 ── 春來江水綠如藍

白居易的《憶江南》一詞中有云：「日出江花紅勝火，春來江水綠如藍，能不憶江南？」江南在哪裏？大概就在中國的華東地區。

華東地區包括山東省、江蘇省、安徽省、浙江省、江西省、福建省、上海市和台灣省，面向太平洋，是擁有較長海岸線的地區。海上絲綢之路從這裏開始，兩千多年來將絲綢、瓷器與茶葉源源不絕地輸送到海外，把東方文化傳播至世界各地。

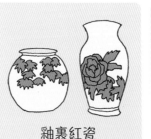

釉裏紅瓷

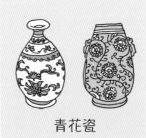

青花瓷

臨海各省風景自成一體。去山東看泰山之巔上的日出；到江蘇賞蘇州園林；浙江有「人間天堂」之稱的杭州，也有江南小鎮和氣勢磅礴的錢塘江；江蘇和浙江之間還夾着一顆寶珠 ── 上海市，它是一座國際大都市，十分發達；從浙江再往南走，就是依山傍水的福建；和福建隔海相望的是台灣省，日月潭和夜市小吃是它的標誌；不臨海的就是安徽和江西，那裏分別有「天下第一奇山」黃山和景德鎮的精美瓷器。

台式滷肉飯　　　鳳梨酥　　　日月潭

華東地區是不是文化多樣，美不勝收呢？我們說的「魚米之鄉」也在這裏呀。長江中下游平原土壤肥沃，最適宜水稻的種植。平原以南有大片的山地和丘陵，綠樹如茵。羣山之中分列着鄱陽湖、太湖、洪澤湖以及巢湖四大淡水湖，流淌着黃河、淮河、長江、錢塘江四大水系，京杭大運河又把四大水系貫通起來，一片河網密布，羣山環繞，為華東地區描繪了一幅山水畫的同時，又帶來豐富的生物資源和礦產資源。

上海迪士尼樂園

錢塘江大湖
（浙江省）

上海東方明珠塔和
上海迪士尼樂園

· 瞭望台 ·

你知道嗎？

台灣樟腦和樟腦油的產量佔世界總量的 70%，居世界首位。

世界上 90% 的白鶴每年冬天都會到鄱陽湖濕地越冬。

9

「中原」指的是哪裏呢？
為什麼湖北省被稱為「千湖之省」？

貫通南北的華中地區

我們經常聽到「中原」這個詞，「中原」是哪裏呢？一般來説，中原就是指河南，在中國的華中地區。

甲骨文

華中地區位於黃河中下游和長江中游，從版圖上看處於中國的中間部位。由於這特殊的地理位置，華中地區成為水陸交通的樞紐和東西、南北的過渡地帶，貫通南北。

河南省是中華民族的發祥地之一，歷史上各個王朝的人都爭搶着要佔領河南，所以河南有很多古老的城市和古跡。洛陽是九朝古都，開封為七朝古都；嵩山少林寺、洛陽白馬寺都在這裏，甲骨文也是在河南安陽出土的呢。

黃河

河南省

洛陽白馬寺

黃陂雕塑

三巫山

湖北省

長江

湖南省

三華山

少林寺
（河南省）

美食角

一起來看看華中地區的美食！

牡丹燕麥　　鯉魚焙麵　　熱乾麵　　剁椒魚頭　　穿眼粑粑　　煎米茶

離開河南往南走，就到了「千湖之省」——湖北省，為什麼這麼説呢？因為湖北省境內面積百畝以上的湖泊有 800 多個，小的更是不計其數，湖泊總面積達到 2,983.5 平方公里。

湖北的西部有一大片森林，傳説上古時期神農氏曾在這裏採過藥，所以叫神農架。這一片原始森林裏有很多珍稀的植物和動物，風景優美。

湖北省的南邊是湖南省，它們之間有一個湖 —— 洞庭湖，兩省就是以處在洞庭湖南北命名的。洞庭湖邊有一座非常有名的樓閣，叫做岳陽樓。它之所以聞名天下，不僅僅在於登樓可以觀看洞庭湖的美景，更因為李白、杜甫、李商隱、歐陽修、范仲淹等文人都為它作詩作文，尤其是范仲淹的《岳陽樓記》，更使岳陽樓聞名於世。

上古神農氏

野人

娃娃魚

神農架

白化龜

洞庭湖

岳陽樓
（湖南省）

歐陽修

范仲淹

李白

自古以來，華中地區就人才輩出。湖南嶽麓山下有一座嶽麓書院。它培養了許多著名的人物，比如明末思想家王夫之、晚清大臣曾國藩和清末收復新疆的左宗棠等。

曾國藩

左宗棠

· 瞭望台 ·

來看看這些世界之最！

張家界大峽谷玻璃橋：一座全透明玻璃結構的橋樑，橋面長約 375 米，寬 6 米，曾是世界上最高、跨度最長的玻璃橋。

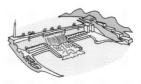

三峽大壩：全長約 2,308 米，壩高 185 米，是世界上最大的水利發電工程。

中國的最南端是哪裏？
「桂林山水甲天下」說的是哪個省份呢？

四季常綠的華南地區

從華中地區再往南走，越過南嶺，就到了中國最南部的華南地區，包括廣東、廣西、海南、香港特別行政區和澳門特別行政區。這片區域屬於亞熱帶和熱帶，熱帶植物和動物種類繁多。「日啖荔枝三百顆，不辭長作嶺南人。」說的就是這裏水果多得吃也吃不完。

廣東省 南嶺 廣西壯族自治區 香港特別行政區 澳門特別行政區 海南省 南海諸島

番荔枝 大樹菠蘿 楊桃 椰子 榴蓮 檳榔果 蛋黃果 椰樹

南珠 桂林玉石雕刻 廣州塔 海蜇

廣東省是新中國成立後最早開放的地區，經濟實力雄厚。廣東人愛上茶樓喝茶吃點心，廣東的西面是廣西，雖然沒有廣東富裕，但那裏的風光美景無與倫比。你一定聽說過「桂林山水甲天下」，說的就是桂林的四絕美景：山青、水秀、洞奇、石美。

美食角

華南地區不一樣的美味！

豆撈（一種火鍋） 柳州螺螄粉 湛江炭燒生蠔 艇仔粥

黎族打柴舞

海南黃花梨

和兩廣隔海相望的海南陸地面積不大，卻管轄着南海的西沙羣島、中沙羣島和南沙羣島以及周圍的南海海域。算上這些海域，海南的海域面積有 200 多萬平方公里，比新疆的面積還要大得多！在海南，最常見的是椰樹，最珍貴的是黃花梨（一種木材），最好看的是黎族風情，最好吃的當然是數不清的熱帶水果啦。

華南地區還有兩個地方，雖然它們很小，卻很重要，就是香港特別行政區和澳門特別行政區。這兩個地方實在小，為了增加土地，都曾填海造地，香港國際機場就是填海造的。澳門呢？一半的土地都是填海造出來的。但它們都非常繁榮，香港的金融行業和影視娛樂行業非常發達，香港電影曾是亞洲電影的代名詞呢！

黃金

賽馬

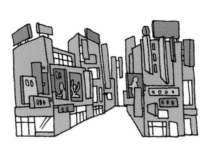

香港有許多著名的商業街

澳門大三巴牌坊

電影拍攝

廣西桂林

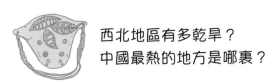

西北地區有多乾旱？
中國最熱的地方是哪裏？

西北地區 —— 古絲綢之路經過的地方

「大漠孤煙直，長河落日圓。」正好用來形容那絲綢之路經過的地方，兩千年前從西安開始，讓世界認識中國。它位於阿爾泰山以南，崑崙山的阿爾金山、祁連山以北，我們稱它為「西北地區」。

絲綢之路上的旅人

大家對西北地區的印象是什麼呢？我想一定是乾旱。由於深居內陸，西北地區每年降水量，從東至西逐漸遞減（從 400 毫米，往西減少至 200 毫米，甚至 50 毫米以下）。自然景觀從東向西，變成草原、荒漠草原、荒漠。

然而，乾旱的西北地區遠比我們想像的美麗，陝西、甘肅、寧夏、青海和新疆，以及內蒙古西部，組成了西北特有的自然和文化景觀。奔騰的黃河沖刷着千溝萬壑的黃土高原，每年帶走 16 億噸泥沙的同時，還留下了塞外江南、河西走廊上的灌溉農業、遠渡黃河的羊皮筏。準噶爾盆地、塔里木盆地和柴達木盆地上，不只有沙漠和梭梭樹（一般生長在中國新疆和內蒙古西部的沙漠地區），還蘊藏着煤、石油、天然氣等礦產資源。

騰格里沙漠

梭梭樹

阿爾泰山脈

彈奏冬不拉

天山山脈

新疆維吾爾自治區

祁連

崑崙山脈

青海省

橫斷山脈

可可西里藏羚羊

羊皮筏

西北珍寶

這裏的寶物真多啊！

天山雪蓮

崑崙山下的和田玉

肉蓯蓉
（寄生在梭梭樹下的名貴藥材）

夜光杯

灘羊皮

兵馬俑
（陝西省）

嘉峪關
（甘肅省）

莫高窟
（甘肅省）

這片土地上還有草原牧場、秦始皇陵、莫高窟、明長城的終點嘉峪關。也許小朋友們更喜愛的是吐魯番的瓜果飄香、青海湖鳥島上數以千計的鳥兒，以及可可西里的藏羚羊。當然，西北的烤羊肉、奶茶等美食也一定不能少。

西北地方各民族和睦相處、真誠團結。好客的他們每每都以歌舞器樂、美食佳餚款待遠道而來的客人。

哈薩克族

納格拉鼓

青海釀皮

內蒙古自治區
（西部）

黃河

寧夏回族自治區

青海湖

甘肅省

陝西省

秦嶺

大巴山

 · 民俗角 ·

西北地方上的
中國之最

中國最大的盆地：塔里木盆地（面積：53 萬平方公里）
中國最大的沙漠：塔克拉瑪干沙漠（面積：33 萬平方公里）
中國最長的內陸河：塔里木河（全長 2,179 公里）
中國陸地海拔最低的地方：艾丁湖（海拔：-154.31 米）
中國最熱的地方：吐魯番（年最高溫度 43℃，地表溫度 75℃。歷史最高氣溫 52.2℃，地表溫度達 83.3℃）

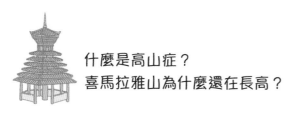

什麼是高山症？
喜馬拉雅山為什麼還在長高？

處處是高原的西南地區

西南地區是七大地理分區中海拔最高的，青藏高原和雲貴高原都在這裏。青藏高原平均海拔在4,000米以上，是世界上海拔最高的高原，被形容為「世界屋脊」。在那裏，天很高，雲很淡，但氧氣的濃度很低，外來人們會感到頭痛、呼吸困難，這就是高山症。

高原吸氧

令人不適的環境，人們幹起活來很費力，還好有犛牛幫忙。上山渡河，提供牛糞作為燃燒材料都是牠的功勞。說起動物，西南有很多「國寶級」的動物，比如大熊貓、金絲猴、紅腹錦雞、藏羚羊等。不過對於熱愛美食的朋友來說，西南還有比大熊貓和金絲猴更有吸引力的東西——川菜和火鍋，那真是濃香醇厚、辣味十足呀。

大熊貓

藏羚羊

金絲猴

犛牛

曬犛牛糞

冷鍋串串香

四川臘肉

夫妻肺片

葉兒耙

九宮格火鍋

布達拉宮
（西藏自治區）

西南地區包括四川、重慶、雲南、貴州和西藏五個行政區，有珍稀動物、多樣的美食，也有奇景。美景總在絕險處，明鏡般的納木錯、雄偉壯觀的卡若拉冰川、秀美的九寨溝、奇形怪狀的石林、中國第一瀑布——黃果樹瀑布組成了西南地區絕美的風景。

黃果樹瀑布
（貴洲省）

大象拔河

西藏自治區

橫斷山脈

麗江古城

喜馬拉雅山脈

大巴山

四川省

樂山大佛

重慶市

長江

貴州省

雲南省

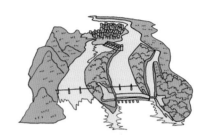
都江堰
（四川省）

傣族

西江千戶苗寨
（貴州省）

黎平侗鄉
（貴洲省）

那西南地區只有美景嗎？當然不是。這裏是少數民族聚居地，雲南省世居的少數民族達25個，是中國少數民族最多的地區。文化的交流讓西南地區富有文明古跡。在四川瀏覽都江堰、樂山大佛，感慨古人造物的智慧，乘火車沿着青藏鐵路去西藏遙望莊嚴肅穆的布達拉宮，貴州的苗寨和侗鄉歡迎着遠道而來的客人，遊客坐在長江索道上可以俯瞰着滾滾長江。

哈尼族

 ·瞭望台·

一年比一年高的
喜馬拉雅山

喜馬拉雅山是世上海拔最高的山脈，還在以每年 1 厘米的速度長高。歐亞大陸板塊和印度洋板塊相互擠壓形成了喜馬拉雅山。現在，這兩個板塊還在擠壓，所以喜馬拉雅山也在不斷長高。

那座山有多高？

你聽過愚公移山的故事嗎？

愚公的門前有座大山，出來進去都要繞道，實在太不方便了。於是愚公決定靠自己和家人以及子孫後代的力量，一點一點鏟平大山，連通外面的世界。

中國是一個多山的國家，在山區，很多人家打開門就能看到山。你家附近有山嗎？那些山有多高？算不算高山、大山呢？其實要了解一座山的高度，我們需要先知道一個概念——海拔。

海拔是以海平面為基準，高出海平面的垂直高度。例如世界最高峰的珠穆朗瑪峯，海拔足有 8,848.86 米。如果從海平面垂直登上珠穆朗瑪峯峯頂，比在運動會上跑 8,000 米還要遠呢！

🔘 來給不同的山峯比比高！

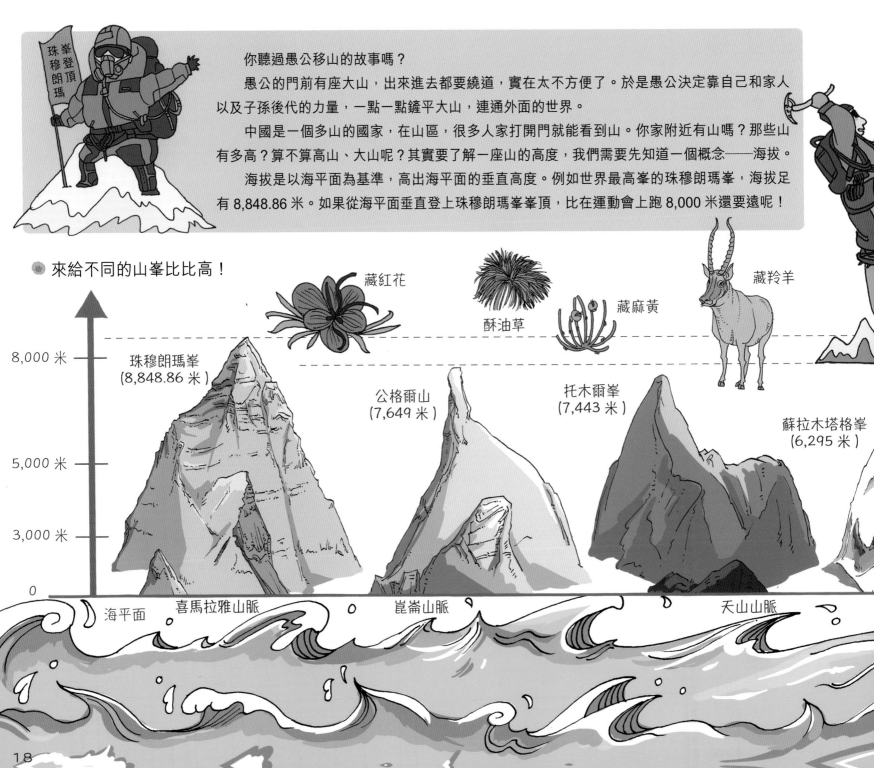

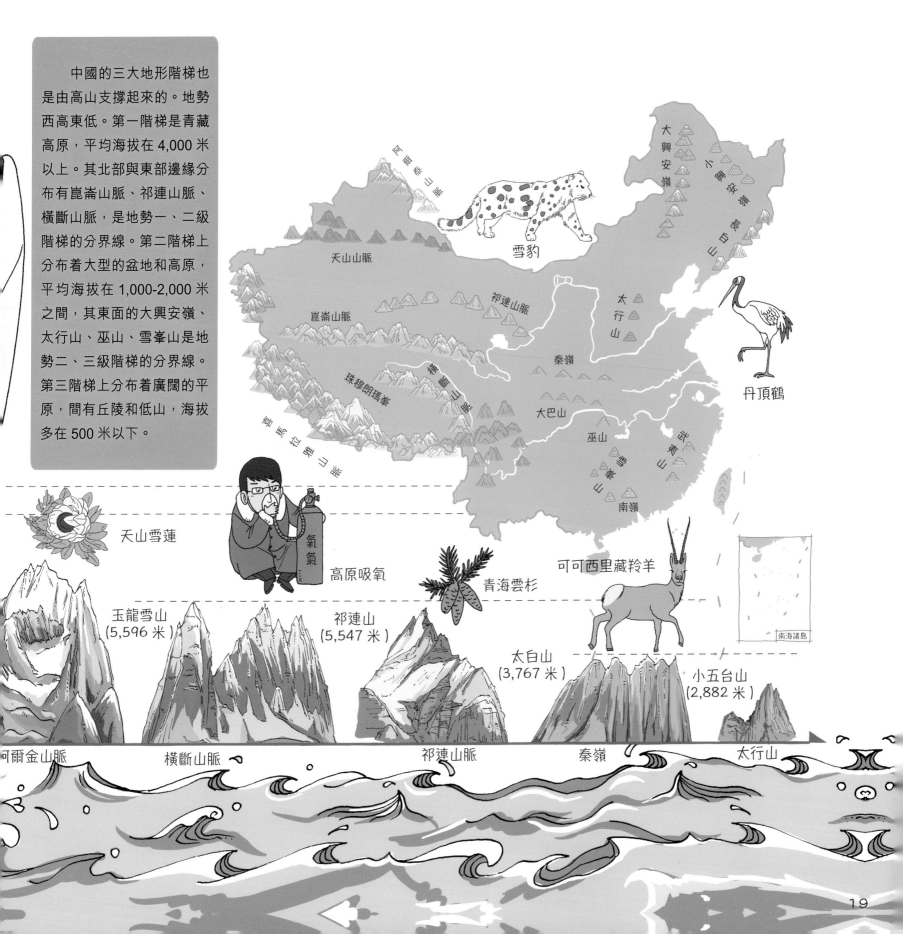

中國的三大地形階梯也是由高山支撐起來的。地勢西高東低。第一階梯是青藏高原,平均海拔在 4,000 米以上。其北部與東部邊緣分布有崑崙山脈、祁連山脈、橫斷山脈,是地勢一、二級階梯的分界線。第二階梯上分布着大型的盆地和高原,平均海拔在 1,000-2,000 米之間,其東面的大興安嶺、太行山、巫山、雪峯山是地勢二、三級階梯的分界線。第三階梯上分布着廣闊的平原,間有丘陵和低山,海拔多在 500 米以下。

阿爾泰山脈

天山山脈

雪豹

大興安嶺

小興安嶺

長白山

祁連山脈

太行山

丹頂鶴

崑崙山脈

秦嶺

橫斷山脈

珠穆朗瑪峯

大巴山

巫山

武夷山

喜馬拉雅山脈

雪峯山

南嶺

南海諸島

天山雪蓮

氧氣

高原吸氧

青海雲杉

可可西里藏羚羊

玉龍雪山
(5,596 米)

祁連山
(5,547 米)

太白山
(3,767 米)

小五台山
(2,882 米)

阿爾金山脈

橫斷山脈

祁連山脈

秦嶺

太行山

看那河流有多長？

「孤帆遠影碧空盡，唯見長江天際流。」長江浩浩蕩蕩地向天邊流去，那它有多長呢？約 6,300 公里，長度僅次於非洲的尼羅河和南美洲的亞馬遜河，是世界第三長河，中國第一長河。除了長江，中國還有哪些源遠流長的大江大河呢？它們又為我們孕育了哪些生命，帶來了怎樣的風景呢？

中國的河流眾多，有注入海洋的外流河，也有與海洋不相通的內流河。另外，中國的地勢西高東低，所以大多數河流都是從西向東流向海洋。

長江：全長約 6,300 公里
發源：青藏高原唐古拉山脈主峯
注入：東海

長江索道

黃河：全長 5,464 公里
注入：渤海

黃河鯉魚

瀾滄江：全長 4,909 公里
注入：南海

中華鱘

三江源
三江源地區位於中國青海南部，是中國面積最大的自然保護區，是長江、黃河、瀾滄江三條大河的發源地。

哲羅鮭

梭梭樹

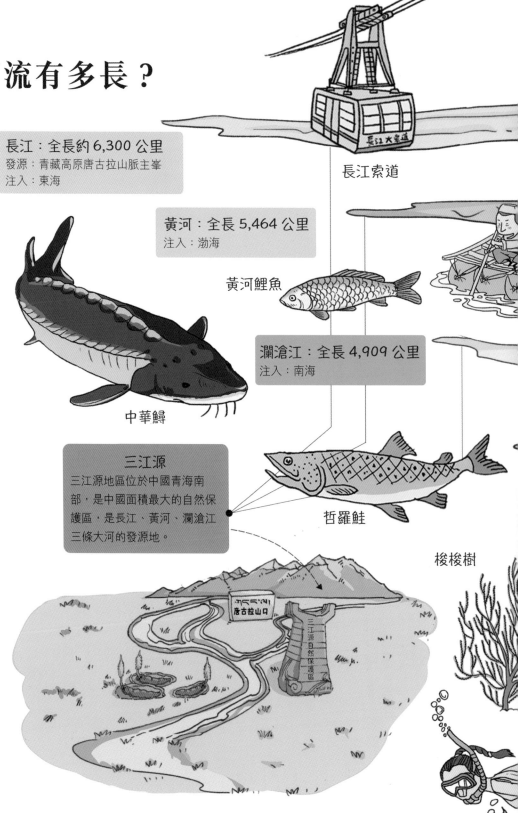

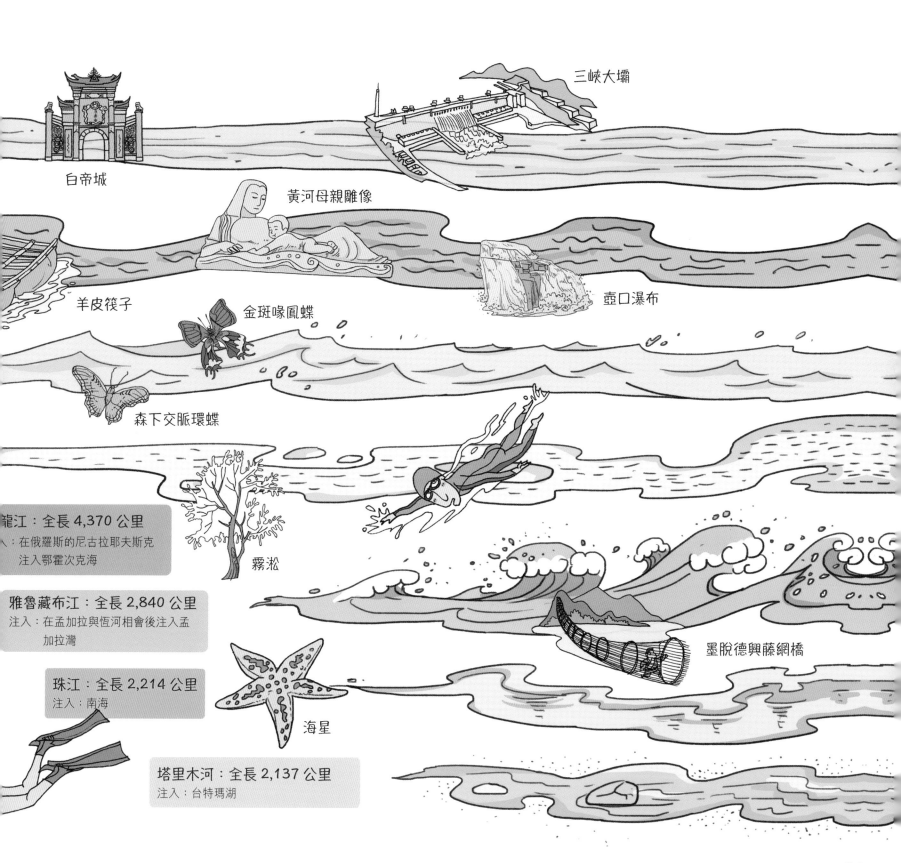

白帝城

三峽大壩

黃河母親雕像

羊皮筏子

金斑喙鳳蝶

壺口瀑布

森下交脈環蝶

霧淞

龍江：全長 4,370 公里
入：在俄羅斯的尼古拉耶夫斯克
　　注入鄂霍次克海

雅魯藏布江：全長 2,840 公里
注入：在孟加拉與恆河相會後注入孟
　　加拉灣

珠江：全長 2,214 公里
注入：南海

海星

墨脫德興藤網橋

塔里木河：全長 2,137 公里
注入：台特瑪湖

21

大自然的守衛者 —— 勇敢的植被

小朋友，你知道什麼是植被嗎？它們多種多樣，有貼近地面的，有聳立雲霄的；有樹葉如針的樹木，也有葉大如扇的林木。為什麼會這樣呢？這和中國南北溫度差異，以及乾旱濕潤的天氣密切相關。

中國從北到南分布着針葉林、落葉闊葉林、常綠闊葉林和熱帶雨林，這是由溫度決定的。

寒溫帶
針葉林區

溫帶針闊葉
混交林區

溫帶草原區

溫帶荒漠區

暖溫帶
落葉闊葉林區

青藏高原
高寒帶植被區

亞熱帶常綠闊葉林區

熱帶季雨林、
雨林區

我既堅固又耐用，是房屋建築，製造舟車的好木材。

我是生命力非常頑強的樹木，在北方很容易找到我的身影。

白樺樹
落葉喬木，它有白色而又光滑的樹皮。樹皮會分層剝落。

落葉松
大興安嶺針葉林的主要樹種，高可達 35 米。

針葉林就是以松、杉等為主，樹葉如針，分布在冬季嚴寒的地方。

落葉闊葉林中的植被葉子就大一些啦，多分布在四季分明的地方，到冬天的時候，它們的葉子會掉光，樹幹變得光禿禿。

同理，常綠闊葉林中的植被四季常綠，但分布在氣候比較炎熱、濕潤的地方。

熱帶雨林裏的植被非常多樣，終年常綠，植物高大，葉大如扇，分布在高溫多雨的地方。

中國從東向西因乾濕度不同，植被又有不同。東部溫暖濕潤，大多是草原；而西部炎熱乾旱，多為荒漠，那裏的植被都非常耐旱。

我可以開出美麗的山茶花，也可以產出珍貴的山茶花油。

橡膠樹
切割橡膠樹，樹中會流出白色的膠乳，膠乳經過凝固和乾燥就可以變成彈性好的天然橡膠。

山茶
有矮矮的灌木，也有矮矮的小樹，四季常綠。

有了我的橡膠，再也不怕被湯勺燙到，也不怕被電流電到啦！

銀杏
銀杏最早出現在 2 億 7000 萬年前，曾廣泛分布於北半球。直到 50 萬年前，絕大部分地區的銀杏滅絕，而在中國的銀杏幸能保存下來。銀杏的壽命很長，可達上千歲，並且用途廣泛。樹幹能夠製造家具和樂器，銀杏的果實——白果可以食用，有殺菌美容的作用。

我是一個高個子，身上掛滿小扇子，秋天落下黃葉子，長出小小白果子。

我還是提供燃料的優質樹木，樹根上寄生的肉蓯蓉是非常名貴的中藥材。

我的壽命可達二百多歲，而且全身都是寶，建築和製造家具都離不開我。

胡楊
多生長在沙漠中，耐乾旱、抗風沙，生命力極強，有「沙漠英雄樹」的稱號。

梭梭樹
一種灌木，樹高 3-8 米，是荒漠裏的生態保護神。它耐乾旱，能在年降水量 25-200 毫米的荒漠上生存。這麼説，小朋友們可能感受不到梭梭樹的頑強。那你們知道嗎？梭梭樹的種子，是世界上壽命最短的種子，只能存活幾個小時，但只要有一點點水，種子在兩三個小時內就會生根發芽，生命力極其頑強呀。

 **· 瞭望台 ·**

中國特有的珍稀樹種

普陀鵝耳櫪：落葉喬木，中國特有，而且野生的僅存一株，在浙江省舟山市普陀佛頂山慧濟禪寺裏。

絨毛皂莢：落葉喬木，中國僅剩一株，位於湖南衡山。

百山祖冷杉：中國特有，僅在浙江百山祖發現生存。

廣西火桐：中國特有，數量稀少。

珍稀動物在哪裏？

小朋友，你喜歡去動物園嗎？那裏有威武的大象，有可愛的大熊貓，有敏捷的小猴子，還有許多漂亮的鳥兒和游來游去的海底生物！

你有沒有感到好奇，這些動物來動物園之前，是在哪裏生活的呢？其實每種動物都有自己原本的家，就像大象的家在氣候溫暖的雲南，大熊貓的家在西南地區的高山深谷，鳥兒的家有的在山野裏，有的在海島上。

動物們原本自由自在地生活在大自然裏，可是因為人類的濫捕濫殺，還有環境變化等原因，許多動物逐漸失去了自己的同伴，也失去了自己的家園。

那些數量極度稀少而珍貴的野生動物，我們稱為珍稀野生動物。保護珍稀野生動物是我們每個人的義務和責任。讓我們認識和了解這些可愛的野生動物，一起來保護它們吧！

● 中國的部分珍稀野生動物

大家都叫我「雪山之王」，威風吧？

因為我的毛皮非常值錢，所以很多兄弟姐妹被殺死了……偷獵行為是可恥的！

大家可以來自然保護區找我們玩耍，不過要記得帶上竹子哦！

雪豹
因終年生活在雪線附近而得名，主要分布在天山等高海拔地區。

大熊貓
中國國寶，主要生活在長江上游的高山深谷地區。

野氂牛
青藏高原特有物種，生活在人跡罕至的高山草原地帶。

藏羚羊
青藏高原特有物種，有「高原精靈」的美譽。

我喜歡清靜，不希望被人類打擾。

雲豹
一種體形較小的豹，擅長攀爬。

華南虎
中國特有的物種，又稱中國虎，野外已經滅絕。

西藏野驢
青藏高原特有物種，外形像驢，尾巴像馬。

黑頸鶴
青藏高原特有物種，也是世界上唯一一種生長、繁殖在高原上的鶴類。

看我身上的花紋，一朵一朵的，像不像天上的雲彩？

金絲猴
中國的金絲猴分川金絲猴、滇金絲猴、黔金絲猴三種，棲息地與大熊貓重合。

丹頂鶴
中國的國鳥，傳說中的「仙鶴」，
在中國主要分布在東北地區。

中國近百年內已滅絕的部分野生動物

珍稀野生動物如果得不到及時的保護，就有可能滅絕。近百年內，中國已有
10 多種野生動物滅絕，還有 20 多種珍稀動物面臨滅絕。

相信我，以前中國真的有犀牛。

中國犀牛
(1922 年滅絕)

台灣雲豹
(1972 年滅絕)

亞洲獵豹
(1948 年滅絕)

中華鱘
現存最古老的魚類之
一，目前僅在長江流
域有少量分布。

我有一億四千萬
年歷史，遠在人
類出現之前，我
就已經存在了。

白鱀豚
(2007 年被認為「功
能性滅絕」)

我已經無法展翅飛翔，不過大家可以
在上海自然博物館看到我的標本哦。

揚子鱷
中國特有物種，主要分布在
長江流域，是世界上體形最
小的鱷魚品種之一。

白頭鸛
(滅絕年代不詳)

南海諸島

我從小生活在人類建立的
繁育基地裏，聽說野外已
經沒有我的伙伴了。

* 功能性滅絕指理論上不排除有少
數個體存在，但數量過於稀少，
低於繁衍的最低限度。

為什麼南方熱，北方冷？

你見過大雪，喜歡堆雪人、打雪仗嗎？

如果你是北方的孩子，一定對雪不陌生。冬天北方的氣溫大多在零度以下，河面結冰，天空飄雪，到處都是一幅冰雪世界的景象。

可是南方卻很少下雪，因為南方的氣溫常年在零度以上。當北方的人們穿着厚厚的羽絨服，與寒風對抗的時候，南方的人們還在享受溫暖的陽光。

同樣是中國，為什麼溫度會差異這麼大呢？

這是因為地球是圓形的，每個地方接收到的太陽熱量並不是一樣的。以赤道為中心，越靠近北極和南極的地方，溫度就越低。

中國處於地球的北半球，所以整體上是越往北氣溫越低的。

寒假時，北方的小朋友都在做什麼呢？而身處南方的小朋友又在做什麼呢？

烏魯木齊
-17°C

烏魯木齊

拉薩
-8°C

拉薩

漠河
-36°C

漠河

哈爾濱
-26°C

哈爾濱

呼和浩特
-18°C

北京
-7°C

呼和浩特

北京

西安

上海

西安
-3°C

上海
0°C

昆明
19°C

廣州
18°C

昆明

廣州

三亞
25°C

三亞

廣州
18°C

三亞
25°C

南海諸島

27

五十六個民族

從古代起，中華民族遍布大地，繁衍生息，最後形成了 56 個民族。那你知道 56 個民族指的是哪些民族嗎？他們都住在哪裏呢？

56 個民族中，漢族的人口最多，大約佔全國人口總數的 91% 呢，剩下的 9% 就是其他 55 個民族的比例，因為人口偏少，所以稱為少數民族。壯族是 55 個少數民族中人口最多的一個民族，基諾族是中國最後確定的少數民族，而高山族則屬台灣境內少數民族的統稱，包括十多個族羣。

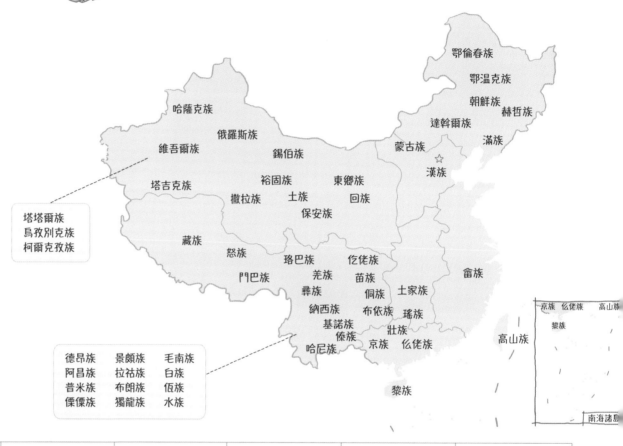

塔塔爾族
烏孜別克族
柯爾克孜族

德昂族　景頗族　毛南族
阿昌族　拉祜族　白族
普米族　布朗族　佤族
傈僳族　獨龍族　水族

| 漢族 | 蒙古族 | 回族 | 藏族 | 維吾爾族 | 苗族 | *彝族 |
| 壯族 | 布依族 | 朝鮮族 | 滿族 | *侗族 | 瑤族 | 白族 |

彝族：彝，粵音兒　　　　傣族：傣，粵音太　　　　侗族：侗，粵音洞　　　　珞巴族：珞，粵音洛　　　　鄂溫克族、鄂倫春族：鄂，粵音鱷
傈僳族：傈，粵音叔　　　佤族：佤，粵音瓦　　　　畲族：畲，粵音些　　　　達斡爾族：斡，粵音挖　　　羌族：羌，粵音疆
仫佬族：仫，粵音麼或木　仡佬族：仡，粵音歌　　　拉祜族：祜，粵音滸　　　烏孜別克族、柯爾克孜族：孜，粵音之

土家族	哈尼族	哈薩克族	* 傣族	黎族	* 傈僳族	* 佤族
* 畲族	高山族	* 拉祜族	水族	東鄉族	納西族	景頗族
* 柯爾克孜族	土族	* 達斡爾族	* 仫佬族	* 羌族	布朗族	撒拉族
毛南族	* 仡佬族	錫伯族	阿昌族	普米族	塔吉克族	怒族
* 烏孜別克族	俄羅斯族	* 鄂溫克族	德昂族	保安族	裕固族	京族
塔塔爾族	獨龍族	* 鄂倫春族	赫哲族	門巴族	* 珞巴族	基諾族

房屋的藝術 —— 民居

你觀察過自己生活和居住的地方嗎？你的周圍有什麼？一座座高聳入雲的大樓，還是一片片紅磚白牆的平屋？

或許你不相信，但世界上並不是只有這兩種房子。放眼四方，到處都是令人驚歎的民居建築！

中國幅員遼闊，地理環境不同，民族文化不同，也就誕生了不同的民居風格。人們充分發揮智慧，建造出最適合自己居住的房子。

小朋友，如果是你，你會建造什麼樣的房子呢？

四大古民居

- 安徽歙縣古城（歙，粵音涉）
- 四川閬中古城（閬，粵音朗）
- 山西平遙古城
- 雲南麗江古城

窯洞

在黃土高原地區，人們利用黃土堅硬的特點，發明了窯洞。窯洞有兩種，一種是從土牆一側橫着挖進去，形成房間；一種是先從地面往下挖出一個四方形的空間，然後再從四面橫着向裏挖出房間。

碉房住宅

碉（粵音丟）房是藏族地區特有的建築形式，主要用石頭疊造而成，上面白色的粉牆上有成排的梯形窗口。碉房的外觀呈封閉的小四合院形式，房屋分兩到三層，中央有個小天井。

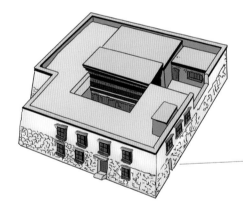

一顆印民宅

一顆印是南方的一種小型四合院，房屋可以做兩層，便於通風。因為外觀四四方方的，像一塊印章，所以叫「一顆印」。

吊腳樓

在西南多山的少數民族地區，人們為了通風避潮和防避野獸侵襲，往往把住宅建成下部架空的樣式，稱為「干欄式」。吊腳樓就是干欄式的一種，倚山而建，分上下兩層，上層住人，下層作牲畜棚和堆放雜物。

蒙古包

蒙古包是西北大草原上流行的一種可以移動的住宅，因為多為蒙古族使用，所以叫蒙古包。蒙古包外面有個圓形的氈包，裏面用木條做框架，拆裝方便，可以馱在馬背上跟隨主人雲遊四方。

四合院

四合院是北方較為常見的民居形式，以北京四合院最為典型。四合院整體呈方形，東南西北四個方向都有房間，將庭院圍在中間，隔開了外界的喧囂，創造出一種寧靜、親切的氣氛。

江南水鄉民宅

江南多河，人們的住宅往往前面通街，後面臨河，家家戶戶的後門都有台階下到河面，大人可以在水裏洗菜、洗衣，孩子可以在水裏嬉戲玩耍，構成了獨特的水鄉景觀。

東北地區

西北地區

華北地區

西南地區

華中地區

華東地區

華南地區

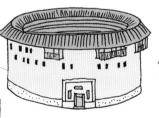

土樓

土樓是福建特有的民居形式，有圓形，也有方形的。土樓就像一座高大的堡壘。過去當地頻繁發生氏族鬥爭，人們為了保護自己的氏族而發展出這種建築形式。

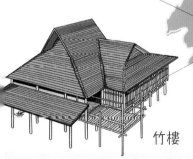

竹樓

竹樓也是一種干欄式住宅，是傣族人民利用豐富的竹子資源建造而成的。竹樓不僅防潮、通風、防避蟲獸侵襲，還有助於在雨季時疏導洪水。

鼓樓

鼓樓的外形很像佛塔，但並不是佛塔，而是每個吊腳樓村子裏都有的一座公共建築，相當於活動中心，平時人們可以在裏面集會、娛樂等。

南海諸島

特色交通路路通

小朋友們都乘坐什麼交通工具去上學呢？

我騎單車！

我乘搭公共巴士或地鐵。

爸爸送我去上學。

大家出門旅行的時候都坐什麼交通工具呢？想必選擇非常多吧，有飛機、火車、輪船，還有高速列車。

飛機

火車

輪船

爬犁

東北地區的冬季漫長，冰雪覆蓋，用沒有輪子的爬犁最適合不過了。爬犁貼地的一面非常光滑，只用很小的牽引力就可以快速前行，有狗拉爬犁、馬拉爬犁等。

駱駝

駱駝是沙漠中重要的交通工具，它們耐渴性強，能夠連續兩周不飲水，並且走幾百公里的路途。

中國地形多樣，高原、丘陵、盆地、平原、湖泊和江河廣布，使得有的地方平坦寬闊，有的地方崎嶇不平，有的地方沙漠綿延，有的地方山環水繞，所以各個地方的人們為了出行便利，創造了屬於自己的交通工具，一起來看看吧！

勒勒車

又叫大轆轆車，車輪高大，能載上千斤的貨物，是蒙古族為了適應經常在草原上遷徙的生活而製造的交通工具。

長江索道

中國自行設計製造的長江上第二條大型跨江客運索道，是俯瞰長江景色的最佳交通工具。

重慶輕軌和皇冠大扶梯

重慶是一座山城，道路蜿蜒崎嶇，所以使得重慶市的交通也奇特起來。重慶輕軌可以穿樓而過。連接兩路口和重慶火車菜園壩站的皇冠大扶梯，全長112米，全程運行2分30秒，是亞洲第二長的一級提升坡地大扶梯。

竹筏

又稱「竹排」，溪水上的交通工具。

羊皮筏子

用羊皮製成的渡河工具。黃河水流湍急，礁石林立，羊皮筏子不僅不怕碰撞，而且浮力很好，操作靈活。

氂牛

氂牛生長在青藏高原，最適應高原上嚴寒缺氧的環境，馱着上百斤的貨物，一天走二十公里的路也不用休息，成為當地重要的交通工具。

烏篷船

江南水鄉，河流縱橫，小雨連綿，烏篷船應運而生。

磁懸浮列車

通過電磁力使列車與軌道無接觸行駛。上海磁懸浮列車專線全長大約30公里，走畢全程只需要8分鐘。

 # 令人欲罷不能的中國美食

你聽過「靠山吃山，靠水吃水」這句話嗎？這是古人總結關於「吃」的精髓。中國幅員遼闊，地域廣博，每個地方有不一樣的山水，也就孕育了不同的飲食文化。

自然給了我們什麼，我們就吃什麼。比如黑龍江的三江水鄉，魚是最主要的食物，而往西到了內蒙古草原，羊肉就成了最常見的美食。

現在交通越來越便利，我們隨時都可以吃到來自全國乃至世界各地的美食。你愛吃什麼？你喜歡哪些食物，知不知道它們來自哪裏呢？

烤全羊

饢餅

炒宮保雞丁

蘭州拉麵

羊肉泡饃

打酥油茶

犛牛肉

重慶火鍋

梅菜扣肉

鹽焗雞

川菜
川菜起源於四川、重慶，以麻、辣、鮮、香為特色，代表菜式有魚香肉絲、麻婆豆腐、回鍋肉等。

粵菜
粵菜即廣東菜，發源於嶺南，起步較晚，但影響深遠，現在世界各地的中菜館多以粵菜為主。代表菜式有烤乳豬、白灼蝦、白切雞等。

八大菜系

中國飲食文化源遠流長，各地風味自成體系，其中魯菜、川菜、粵菜、蘇菜被視為傳統「四大菜系」，加上後來新形成的浙菜、閩菜、湘菜、徽菜，共同構成了中國傳統飲食的「八大菜系」。

東北火鍋

也被稱作「滿族火鍋」，是東北民間流行的一種美食。

魯菜

魯菜起源於山東的齊魯風味，歷史悠久，以清香、鮮嫩、味醇著名，代表菜式有糖醋鯉魚、宮保雞丁（魯系）、九轉大腸等。

蘇菜

蘇菜即江蘇菜，主要以金陵菜、淮揚菜、蘇錫菜、徐海菜等地方菜組成。蘇菜重視保持菜的原汁，風味清鮮，濃而不膩。代表菜式有三套鴨、獅子頭、金陵鹽水鴨等。

甜品

蟹黃湯包

南海諸島

九轉大腸

魯菜
糖醋黃河鯉魚

肉夾饃

酥油茶

夫妻肺片

川菜

擔擔麵

狗不理包子

「天津三絕」之首，始創於清朝咸豐年間

北京烤鴨

過橋米線

蚵仔煎

蚵仔（蠔）、雞蛋等煎製的小吃

松鼠桂魚
蘇菜

清蒸蟹粉獅子頭

剁椒魚頭

傳統節日知多少？

中國自古就有重視風俗的傳統，流傳到現在，每個節日都有特定的風俗，已經成為人們生活中不可分割的一部分。

春節 農曆正月初一

春節是中國農曆的新年，也叫「過年」。傳說很久以前，有一隻叫「年」的怪獸，每到臘月三十就襲擊村寨吃人，所以每到這一天，人們就把全家人聚集起來，一起過「年」關。

貼春聯

「年」很怕紅色，所以人們貼紅色的春聯，把「年」嚇跑。

放鞭炮

放鞭炮也是為了嚇走「年」。起初人們用火燒竹子發出響聲，稱為「爆竹」，後來才發明了鞭炮。

拜年

等到終於熬過臘月三十，人們就會拜訪親友，恭賀彼此沒有被「年」吃掉，後來逐漸發展成了拜年習俗。

元宵

正月十五是每年的第一個月圓之夜，人們在這一天吃元宵或湯圓，寓意團圓美滿。

賞花燈

賞花燈、猜燈謎，也是元宵節特有的活動。

元宵節 農曆正月十五

正月十五是一年中的第一個月圓之夜，古人稱正月為元月，稱夜為「宵」，所以正月十五就叫元宵節。人們在這一天吃元宵或者湯圓，寓意團圓美滿。

中秋節 農曆八月十五

中秋節在秋天的中間，因為這天月亮圓滿，象徵團圓，所以也叫「團圓節」。

吃月餅

月餅象徵團圓，因此人們常把賞月和吃月餅聯繫在一起，寓意家人團圓，寄託思念。

端午節 農曆五月初五

戰國時期，楚國有位愛國詩人屈原，因受貴族排擠而被流放到沅湘地區，聽聞國都淪陷後毅然投汨羅江而死。後世為了紀念他，就將他死去的那天定為「端午節」。

寒食節

清明節的前一天為「寒食節」。為了紀念介子推，晉文公規定他死去的那天不能生火，只能吃冷食，稱為「寒食節」。

吃糭子

為了不讓江中的魚蝦吃屈原的身體，人們紛紛將大米之類的穀物撒入江中餵魚。後世逐漸發展為吃糭子。

清明節 農曆三月

清明節是祭祖和掃墓的日子。傳說春秋時期的義士介子推，不爭名奪利，隱居深山。晉文公為了報答他的恩情，逼他出山，乾脆放火燒山。介子推堅決不肯，最後被燒死。晉文公為了祭奠他，將他死去的第二天定為了清明節。

賽龍舟

屈原死後，人們爭相划船打撈屍體，後來逐漸演變成賽龍舟活動。

重陽節

在中國傳統文化中，「九」為陽數，所以，九月九日就叫重陽節。

重陽節 農曆九月初九

相傳以前每到這天，就會有個傳播疾病的瘟魔出來作惡，所以人們會全家一起離家登高，還要在門前插上茱萸（粵音儒），以躲避疾病和災禍。

文化的寶藏 —— 非物質文化遺產

五千年文明，源遠流長。直到現在我們仍然可以看到書法、戲劇，舉辦傳統節日慶典，這都是 56 個民族千百年來傳承下來的文化寶庫，我們稱它們為「非物質文化遺產」。

非物質文化遺產大概包括文學、語言、音樂、舞蹈、遊戲、禮儀、手工藝、建築、藝術等表現形式的留存。它們的傳承大多依靠口耳相傳，缺少記錄，所以轉瞬即逝，一旦消失了，在沒有記錄的情況下，就無法再生。所以，要想看到民間的精彩技藝，一定要保護我們文化的寶藏。

中國的非物質文化遺產非常多，入選聯合國教科文組織的非物質文化遺產名錄的有 43 個，是目前世界上擁有世界非物質文化遺產數量最多的國家。

● 世界級非物質文化遺產（部分）

京劇
對於京劇，大家一定不陌生，它不僅僅是國粹，並且已成為中國傳統文化的代表，是傳播中國文化的媒介。

古琴藝術
古琴，又叫「七弦琴」，是中國最古老的撥弦樂器之一。古琴藝術，就是獨奏古琴、琴簫合奏等藝術。

中國蠶桑絲織技藝
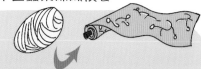
絲綢是中國文化的標誌，它是用蠶絲織做的紡織品。栽桑、養蠶、繅絲、織綢的技藝是歷史留下的寶貴財富。

剪紙

小朋友們，過年的時候有沒有貼過窗花呢？窗花就是貼在窗戶上的剪紙。剪紙的歷史可以追溯到南北朝，發展於唐朝，明清時期已經是非常成熟的藝術了。

蒙古族呼麥

是一種在草原上聽到的歌聲。聲樂家這樣形容它：「高如登蒼穹之顛，低如下瀚海之底，寬如於大地之邊。」這就是蒙古族創造的呼麥，一種著名的喉音唱法。呼麥的歷史悠久，是古老的民族藝術，保留了很多原始歌唱的元素。

端午節

小朋友們端午節有沒有吃糉子呢？其實，端午節不僅是中國的法定假日，也是非物質文化遺產。因為它代表了我們的傳統文化，蘊藏着中華民族的深厚感情。

皮影戲

又叫「影子戲」，用人物剪影配合當地特色音樂來表演故事，它是中國民間娛樂活動之一，也是民間傳統文化的縮影。

中醫針灸

針灸包括針法和灸法兩種中醫方法。針法是把針刺入患者身體上的穴位以達到治病的目的。灸法是把燃燒着的艾絨按穴位刺激皮膚。針灸可以追溯到戰國時期，到今天已經有兩千多年的歷史，是中醫的寶貴遺產。

崑曲

又叫「崑山腔」，是中國最古老的劇種之一，唱出來華麗婉轉，舞蹈飄逸，非常優美。

青海熱貢藝術

熱貢是藏語，翻譯過來就是「夢想成真的金色谷地」。熱貢藝術主要包括繪畫、堆繡、雕塑、建築、圖案等藝術形式，它們精美絕倫，色彩絢麗，並且不易褪色，是民族文化的瑰寶。

雕版印刷術

中國古代人民在印章上受到啟發，發明了雕版印刷術。雕版印刷術集結了造紙、製墨、雕刻、摹拓等傳統工藝，開闢了印刷術的先河，是當代印刷技術的源頭。

活字印刷術

北宋時期的畢昇發明了活字印刷術，相比於雕版印刷術，活字印刷術可以按照稿件將單個字模挑選出來，排列在字盤裏印刷，非常方便。活字印刷術是中國古代勞動人民的智慧結晶。

赫哲族伊瑪堪說唱

東北地區的赫哲族，在長期的漁獵過程中，創造了沒有樂器伴奏，徒口敍述的說唱藝術。歌曲對研究赫哲族的歷史具有重大意義。

黎族傳統紡染織繡技藝

黎族的紡織技藝，包括紡、染、織、繡四大工序，已經延續了幾千年。可是，現在學習織繡技藝的人越來越少，使黎族傳統紡染織繡技藝面臨失傳的現狀，如果再不加以保護傳揚，也許我們就再也看不到黎族精絕的織繡技藝了。

● 急需保護的非物質文化遺產（部分）

中國木拱橋傳統營造技藝

木拱橋是中國傳統木構橋樑，歷史悠久，然而中國現存的木拱橋只有約 100 座，木拱橋營造技藝也逐漸失傳。

尋找文化、自然遺產之旅

小朋友們，中國有 960 萬平方公里的領土，你都去過哪些地方呢？又想放下書包出去看看哪裏呢？無論是大自然，還是古時候的人們，都為我們留下了寶貴的自然風光、名勝古跡等遺產，就讓我們開啟一次尋找文化、自然遺產之旅吧！

長城

青城山和都江堰

長城東起河北省渤海灣的山海關，西至內陸地區甘肅省的嘉峪關，全長約 6,700 公里。

新疆天山

絲綢之路：「長安——天山廊道」路網

莫高窟

四川大熊貓棲息地

九寨溝風景名勝區

土司遺址

峨眉山風景區及樂山大佛風景區

大足石刻

拉薩布達拉宮歷史建築羣

麗江古城

左江花山岩畫

世界遺產是指被聯合國教科文組織和世界遺產委員會確認的人類罕見的、目前無法替代的財富，是全人類公認的具有突出意義和普遍價值的文物古跡及自然景觀。截至 2023 年，中國已有 57 項世界遺產項目被批准列入《世界遺產名錄》，其中文化遺產 39 項，自然遺產 14 項，自然和文化混合遺產 4 項，是世界上擁有世界遺產類別最齊全的國家之一，也是世界文化與自然混合遺產數量最多的國家之一。

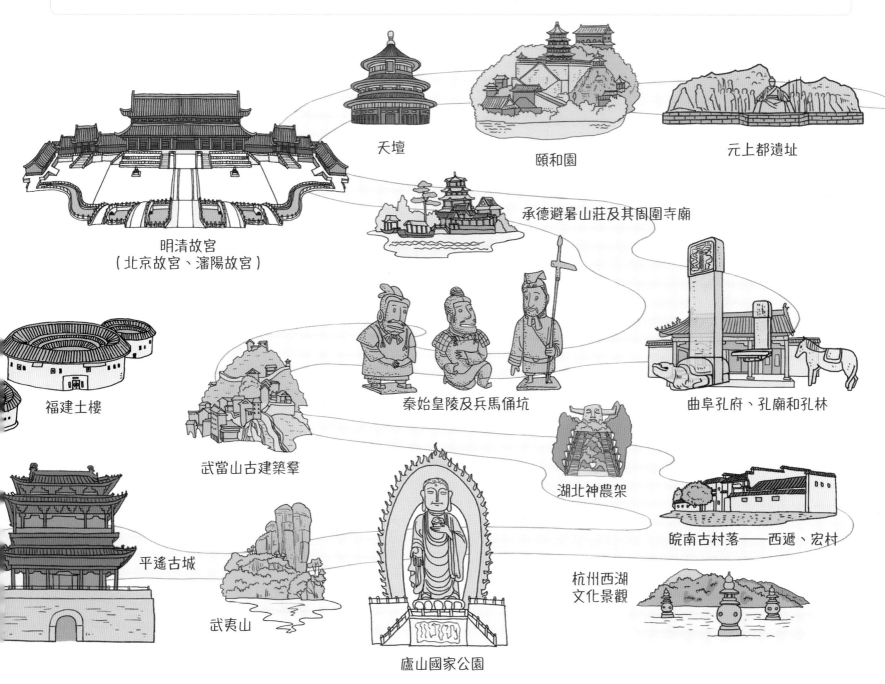

天壇

頤和園

元上都遺址

承德避暑山莊及其周圍寺廟

明清故宮
（北京故宮、瀋陽故宮）

福建土樓

武當山古建築羣

秦始皇陵及兵馬俑坑

曲阜孔府、孔廟和孔林

湖北神農架

皖南古村落——西遞、宏村

平遙古城

武夷山

盧山國家公園

杭州西湖
文化景觀

中國地理、自然資源及名產一覽表

	華北地區	東北地區	華東地區	華中地區	華南地區	西北地區	西南地區
行政區劃	北京市、天津市、河北省、山西省、內蒙古自治區（中部）	黑龍江省、吉林省、遼寧省	山東省、江蘇省、安徽省、浙江省、江西省、福建省、上海市、台灣省	河南省、湖北省、湖南省	廣西壯族自治區、廣東省、海南省、香港特別行政區、澳門特別行政區	新疆維吾爾自治區、青海省、內蒙古自治區（西部）、寧夏回族自治區、甘肅省、陝西省	西藏自治區、四川省、重慶市、貴州省、雲南省
地理位置	以太行山為界，東為華北平原，西為黃土高原。	中國最北和最東地區。有三大平原，沃野千里。	海岸線長。長江中下游平原土壤肥沃，其南部有大片的山地和丘陵，河網密布。	位於黃河中下游和長江中游。湖南省號稱「千湖之省」，其西部有大片森林。	中國最南地區，包括南海多個島嶼和大片海域。	內陸地區，位於阿爾泰山以南，崑崙山的阿爾金山、祁連山以北。	有「世界屋脊」青藏高原，有四川盆地，也有「地無三里平」的貴州。
氣候	夏季高溫多雨，冬季寒冷乾燥。	夏季溫暖多雨而日子較短，冬季極冷而日子較長。	四季分明：夏季炎熱潮濕，冬季寒冷乾燥。	雨量集中在夏季。冬季的時候，河南省常有大雪。	高溫多雨，常年濕潤。	乾旱，年降水量從東至西遞減，甚至少於50毫米。	區域氣候差別明顯。例如四川四季分明、雲南四季如春、青藏高原常年低溫。
自然資源	豐富的煤炭和石油資源等。	礦資源多，特別是煤、鐵、石油。	有「魚米之鄉」美譽。礦資源豐富。	河湖眾多，建成世上最大的水利發電工程——三峽大壩。	動植物種類多樣，海洋資源豐富。	礦資源豐富，例如金、銀、銅等，還有石油和天然氣等。	動植物、礦、水等的資源都非常豐富。
風景名勝	故宮博物院、萬里長城、避暑山莊等。	瀋陽故宮、長白山、偽滿皇宮博物院等。	杭州西湖、蘇州園林、黃山等。	神農架、岳陽樓、少林寺等。	天壇大佛、廣州塔、天涯海角等。	兵馬俑、莫高窟、青海湖等。	布達拉宮、黃果樹瀑布、都江堰等。
名產名物	北京烤鴨、刀削麵、泥人張彩塑等。	朝鮮冷麵、東北虎、東北三寶等。	青花瓷、龍井茶、絲綢、大閘蟹等。	洛陽牡丹、汝瓷、熱乾麵等。	南珠、榴槤、椰子等。	天山雪蓮、和田玉、灘羊皮等。	大熊貓、九宮格火鍋、雲南白藥等。

我的足跡記錄地圖

　　小朋友，看過這本書後，你是不是很想親身體驗中國各地的風土人情和品嘗地道美食呢？你可以在下面地圖中，把你去過的地方填上顏色，看看你的足跡遍及中國多少處地方。

黑龍江省

吉林省

遼寧省

內蒙古自治區

新疆維吾爾自治區

甘肅省

寧夏回族自治區

青海省

陝西省

山西省

河北省

★ 北京市

天津市

山東省

西藏自治區

四川省

重慶市

河南省

安徽省

江蘇省

上海市

湖北省

浙江省

湖南省

江西省

福建省

貴州省

台灣省

雲南省

廣西壯族自治區

廣東省

香港特別行政區

澳門特別行政區

海南省

南海諸島

　　目前中國有 34 個省級行政單位，包括：23 個省、5 個自治區、4 個直轄市、2 個特別行政區。

孩子的圖解中國地理

作　　者：洋洋兔
繪　　圖：洋洋兔
責任編輯：趙慧雅、潘曉華
美術設計：陳雅琳、郭中文
出　　版：新雅文化事業有限公司
　　　　　香港英皇道499號北角工業大廈18樓
　　　　　電話：（852）2138 7998
　　　　　傳真：（852）2597 4003
　　　　　網址：http://www.sunya.com.hk
　　　　　電郵：marketing@sunya.com.hk
發　　行：香港聯合書刊物流有限公司
　　　　　香港荃灣德士古道220-248號荃灣工業中心16樓
　　　　　電話：（852）2150 2100
　　　　　傳真：（852）2407 3062
　　　　　電郵：info@suplogistics.com.hk
印　　刷：美雅印刷製本有限公司
　　　　　九龍觀塘榮業街 6 號海濱工業大廈 4 字樓A室
版　　次：二○二四年二月初版

ISBN: 978-962-08-8322-4

本書中文繁體字版權經由北京洋洋兔文化發展有限責任公司，
授權香港新雅文化事業有限公司於香港及澳門地區獨家出版發行。